Rosa centifolia Bullata.
Rosier à feuilles de Laitue.

P. J. Redouté pinx.　　　Imprimerie de Rémond　　　Langlois sculp.

萵苣葉百葉薔薇
Rosa centifolia 'Bullata', Lettuce-leaved Cabbage Rose

Rosa muscosa.

Rosier mousseux.

P.J. Redouté pinxt.   Imprimerie de Rémond.   Gouton sculp.

安德魯斯單瓣百葉薔薇

Rosa centifolia 'Andrewsii', Single Moss Rose 'Andrewsii'

Rosa Alpina pendulina.

P.J. Redouté pinx.

Imprimerie de Rémond

Rosier des Alpes à fruits pendants.

Bessin sculp.

垂果薔薇

Rosa pendulina var. pendulina, Alpine Rose

Rosa Alpina Lævis. *Rosier des Alpes à pedoncule et calice glabres.*

P.J. Redouté pinx.

Imprimerie de Rémond.

Bessin sculp.

哈得遜灣薔薇

Rosa blanda, Hudson Bay Rose

Rosa Damascena, subalba.   *Rosier de Damas à Pétale teinté de rose.*

P.J. Redouté pinx.   Imprimerie de Remond   Chapuy sculp.

杜邦薔薇

Rosa × dupontii, Dupont-Rose

德莫苔薔薇

Rosa centifolia 'De Meaux', Moss Rose 'De Meaux'

Rosa Villosa, Pomifera.　　*Rosier Velu, Pomifere.*

P.J. Redouté pinx.　　Imprimerie de Rémond.　　Chapuy sculp.

蘋果薔薇

Rosa villosa, Apple Rose

Rosa Centifolia simplex. *Rosier Centfeuilles à fleurs simples.*

P. J. Redouté pinx. Imprimerie de Rémond Chapuy sculp.

單瓣百葉薔薇
Rosa centifolia 'Simplex', Single Cabbage Rose

百葉薔薇品種

Rosa centifolia CV., Variety of Cabbage Rose

芹葉薔薇

Rosa pimpinellifolia, Burnet Rose

Rosa Brevistyla leucochroa.

Rosier à court-style
(var. à fleurs jaunes et blanches).

P. J. Redouté pinx.   Imprimerie de Remond   Lemaire sculp.

疑似格里費爾薔薇之品種
Rosa stylosa var. systyla, Griffelrosen-Sorte

Rosa Rubiginosa triflora.

Rosier Rouillé à trois fleurs.

P.J. Redouté pinx.

Imprimerie de Rémond.

Chapuy sculp.

疑似甜薔薇變種

Rosa rubiginosa var. umbellata, Variety of Sweet Briar

Rosa alba Regalis.

Rosier blanc Royal.

P. J. Redouté pinx.

Imprimerie de Remond

Bessin sculp.

紅暈大夫人
Rosa × Great Maiden's Blush, Great Maiden's Blush

Rosa Redutea glauca.　　　*Rosier Redouté à feuilles glauques.*

P.J. Redouté pinx.　　　Imprimerie de Rémond.　　　Chapuy sculp.

雷杜德薔薇

Redoute Rose

Rosa Redutea rubescens.   *Rosier Redouté à tiges et à épines rouges.*

P.J. Redouté pinx.   Imprimerie de Rémond.   Bessin sculp.

紅刺雷杜德薔薇

Redoute Rose with red stems and prickles

Rosa Centifolia mutabilis.　　　*Rosier unique.*

P. J. Redouté pinx.　　Imprimerie de Rémond.　　Bessin sculp.

白普羅旺斯

Rosa centifolia 'Unique Blanche', Cabbage Rose 'White Provence'

甜繡紅薔薇

Rosa rubiginosa, Sweet Briar

Rosa Turbinata.

Rosier de Francfort.

P.J. Redouté pinx.

Imprimerie de Remond

Bessin sculp.

約瑟芬皇后
Rosa 'Francofurtana', Empress Josephine

Rosa Leucantha.

Rosier à fleurs blanches.

P.J. Redenté, pinx.

Imprimerie de Rémond

Chapuy sculp.

疑似白花薔薇

Rosa dumetorum 'Obtusifolia'

Rosa fœtida.

Rosier à fruit fétide.

P.J. Redouté pinx.

Imprimerie de Rémond

Chapuy sculp

疑似柔毛粉薔薇

Rosa tomentosa var. Britannica

伊麗莎白甜繡紅薔薇

Rosa rubiginosa 'Zabeth', Sweet Briar 'Zabeth'

疑似紅薔薇之戀

Rosa rapa, Rose d'Amour

Rosa Andegavensis.

Rosier d'Anjou

P. J. Redouté pinx.

Imprimerie de Remond.

Chapuy sculp.

安茹狗薔薇

Rosa canina var. Andegavensis, Anjou Rose

Rosa Collina fastigiata

Rosier Nivelle

格里費爾薔薇品種

Rosa stylosa var. systyla

Rosa Gallica Purpurea Velutina, Parva. *Rosier de Van-Eeden*

P.J. Redouté pinx.   Imprimerie de Rémond   Langlois sculp.

法國薔薇托斯卡納

Rosa gallica 'Tuscany', Variety of French Rose

皇家普羅萬薔薇

Rosa gallica Hybr., Provins of Royal

小花薔薇

Rosa micrantha borrer var. micrantha, Small flowered Eglantine

Rosa Gallica.
(*Purpuro violacea magna*)

P.J. Redouté pinx.

Imprimerie de Remond

Langlois sculp.

Rosier Evêque.

法國紅衣主教
Rosa gallica 'The Bishop', French Rose 'The Bishop'

Rosa Malmundariensis.   *Rosier de Malmedy.*

P.J. Redouté pinx.   Imprimerie de Rémont.   Langlois sculp.

灌叢薔薇變種
Rosa dumalis var. malmundariensis

Rosa Indica. *Rosier du Bengale (Cent feuille).*

F. J. Redouté pinx. Imprimerie de Remond Chardin sculp.

皺葉中國小月季

Rosa chinensis var. minima

Rosa Tomentosa.   *Rosier Cotonneux.*

P.J. Redouté pinx.   Imprimerie de Remond.   Langlois sculp.

柔毛薔薇

Rosa tomentosa, Tomentose Rose

Rosa Damascena aurora.　　*Rosier Aurore Poniatowska.*

P.J. Redouté pinx.　　Imprimerie de Remond.　　Chardin sculp

天空重瓣薔薇
Rosa × alba 'Celeste', White Rose 'Celestial'

Rosa Candolleana Elegans.　　*Rosier de Candolle.*

P. J. Redouté pinx.　　　Imprimerie de Rémond.　　　Langlois sculp

燭台薔薇

Rosa × reversa, De Candolle Rose

Rosa Alba Cimbæfolia   *Rosier blanc à feuilles de Chanvre.*

P.J. Redouté pinx.   Imprimerie de Rémond.   Bessin sculp.

長葉阿爾巴白薔薇

Rosa × alba 'A feuilles de Chanvre'

Rosa Canina nitens.

Rosier Canin à feuilles luisantes.

P.J. Redouté, pinx.

Imprimerie de Rémond.

Lemaire sculp.

狗薔薇變種

Rosa canina var. lutetiana

Rosa Damascena.

Rosier de Cels.

P. J. Redouté pinx.

Imprimerie de Remond

Charlin sculp

塞西大馬士革薔薇

Rosa × damascena 'Celsiana', Damask Rose 'Celsiana'

Rosa Pomponia flore subsimplici.　　*Rosier* Pompon à fleurs presque simples.

P.J. Redouté pinx.　　　Imprimerie de Remont　　　Chapuy sculp.

百葉薔薇變種
Rosa centifolia CV., Variety of Cabbage Rose

Rosa villosa Terebenthina. *Rosier velu à odeur de Térébenthine*

P. J. Redouté pinx. Imprimerie de Remond Bessin sculp.

無名薔薇

Rosa L. Hort

Rosa geminata. *Rosier à fleurs géminées.*

P.J. Redouté pinx. Imprimerie de Rémond. Chapuy sculp.

花粉薔薇

Rosa × Polliniana

Rosa Tomentosa.　　　*Rosier Cotonneur.*

P.J. Redouté pinx.　　　Imprimerie de Remond　　　Bessin sculp.

重瓣柔毛薔薇
Rosa tomentosa CV., Double variety of Tomentose Rose

Rosa mollissima.   *Rosier à feuilles molles.*

P.J. Redouté pinx.   Imprimerie de Remond.   Gal. sculp.

半重瓣柔毛薔薇

Rosa tomentosa CV., Semi-double variety of Tomentose Rose

Rosa Gallica caerulea.   *Rosier de Provins à feuilles bleuâtres.*

P.J. Redouté pinx.   Imprimerie de Remond.   Eug. Talbaux sculp.

法國薔薇變種
Rosa gallica CV., Variety of French Rose

Rosa Inermis.

Rosier Turbiné sans épines.

P.J. Redouté pinx.

Imprimerie de Rémond.

Lemaire sculp.

布爾索重瓣薔薇

Boursault Rose

Rosa Campanulata alba.   *Rosier Campanulé à fleurs blanches.*

P.J. Redouté pinx.   Imprimerie de Rémond   Langlois sculp.

疑似白薔薇之戀

Rosa × rapa, Rose d 'Amour'

Rosa Pimpinellifolia alba
flore multiplii.

Rosier Pimprenelle blanc
à fleurs doubles.

P. J. Redouté pinxit.   Imprimerie de Rémond.   Teillard sculp.

半重瓣芹葉薔薇
Rosa pimpinellifolia CV., Semi-double variety of Burnet Rose

Rosa centifolia Anglica rubra.

Rosier de Cumberland.

P.J. Redouté pinxit.

Imprimerie de Remond.

Langlois sculp.

百葉薔薇變種

Rosa centifolia CV., Variety of Cabbage Rose

Rosa Gallica Granatus.

Rosier de France à Pomme de Grenade.

P.J. Redouté pinx.

Imprimerie de Remond

Victor sculp

法國薔薇變種

Rosa gallica CV., Variety of French Rose

Rosa Rosenbergiana.　　　*Rosier de Rosenberg.*

P.J. Redouté pinx.　　　Imprimerie de Rémond.　　　Langlois sculp.

無名重瓣白薔薇
疑似 *Rosa* × *rapa CV.*

Rosa Gallica Pontiana.　　　　　*Rosier du Pont.*

P.J. Redouté pinxit.　　　Imprimerie de Rémond　　　Bessin sculp.

重瓣法國薔薇變種
Rosa gallica CV., Variety of French Rose

Rosa *Gallica latifolia.* *Rosier de Provins à grandes feuilles.*

P. J. Redouté pinxit. Imprimerie de Remond. Langlois sculp.

大葉重瓣法國薔薇
Rosa gallica CV., Large-leaved variety of French Rose

Rosa Bifera macrocarpa. *La Quatre Saisons Lelieur.*

P.J. Redouté pinx. Imprimerie de Rémond Victor sculp.

半重瓣大馬士革薔薇

Rosa damacena × Rosa chinensis 'Rose Du Roi', Portland Rose 'Rose Du Roi'

Rosa Myriacantha.

Rosier à Mille-Épines.

P. J. Redouté pinx.

Imprimerie de Remond.

Chapuy sculp.

多刺芹葉薔薇

Rosa pimpinellifolia var. myriacantha, Prickly variety of Burnet Rose

Rosa Alpina debilis.

Rosier des Alpes à tiges foibles.

P.J. Redouté pinx.

Imprimerie de Remond

Bessin sculp.

疑似高山薔薇自然雜種

Rosa × reversa

Rosa alba foliacea.

La Blanche foliacée de fleury

P.J. Redouté pinx.

Imprimerie de Remond

Victor sculp

羽狀萼阿爾巴薔薇

Rosa × alba CV., Variety of White Rose with pinnate sepals

Rosa l'Heritieranea.

Rosier l'Heritier.

P.J. Redouté pinx.

Imprimerie de Remond

Victor sculp.

布爾索闊葉細瓣薔薇

Rosa × L'Heritieranea, Boursault Rose

Rosa Pimpinelli-folia inermis.   *Rosier Pimprenelle à tiges sans épines.*

P.J. Redouté pinx   Imprimerie de Remond.   Langlois sculp.

無刺芹葉薔薇

Rosa pimpinellifolia var. inermis, Thornless Burnet Rose

Rosa Rubiginosa anemone-flora. *Rosier Rouillé à fleurs d'anemone.*

P.J. Redouté pinx. Imprimerie de Rémond. Langlois sculp.

甜繡紅薔薇變種

Rosa rubiginosa CV., Variety of Sweet Briar

Rosa Biserrata.　　　　　*Rosier des Montagnes à folioles bidentées.*

P.J. Redouté pinx.　　　　　Imprimerie de Rémond.　　　　　Chapuy sculp.

雙鋸齒薔薇

Rosa dumalis var. malmundariensis, Double serrated Malmedy-Rose

Rosa Gallica Aurelianensis   *La Duchesse d'Orleans.*

P.J. Redouté pinx.   Imprimerie de Remond   Langlois sculp.

奧爾良公爵夫人（法國薔薇變種）

Rosa gallica CV. 'Duchesse D'Orleans'

Rosa Stylosa.

Rosier des Champs à tiges érigés

P.J. Redouté pinx.

Imprimerie de Remond

Chapuis sc.

格里費爾薔薇變種

Rosa stylosa var. stylosa, Griffelrose

百葉薔薇荷蘭之嬌

Rosa centifolia 'Petite de Hollande', Cabbage Rose 'Petite de Hollande'

Rosa Damascena Italica. La Quatre Saisons d'Italie.

P.J. Redouté pinx.   Imprimerie de Remond   Victor sculp.

大馬士革薔薇變種

Rosa × damascena CV., Variety of Damask Rose

Rosa Gallica agatha (var. Delphiniana). L'Enfant de France.

P.J. Redouté pinx.   Imprimerie de Remond.   Bessa sculp.

法國薔薇變種
Rosa gallica CV., Variety of French Rose

Rosa Gallica-Agatha. (Var. Regalis.)　　　*Rosier Agathe-Royale.*

P. J. Redouté pinx.　　　Imprimerie de Remond.　　　Langlois sculp.

法國薔薇雜交種
Rosa gallica Hybrida, French Rose of hybrid

Rosa Gallica flore gigantee.   *Rosier de Provins à fleur gigantesque.*

P.J. Redouté pinx.   Imprimerie de Remond.   Victor sculp.

大花法國薔薇

Rosa gallica CV., Large-flowered variety of French Rose

Rosa Gallica Stapeliæ flora. *Rosier de Provins à fleurs de Stapelia.*

P.J. Redouté pinx. Imprimerie de Remond. Bessin sculp.

五星花法國薔薇

Rosa gallica CV., Stapelia-flowered variety of French Rose

小花秋大馬士革薔薇

Rosa × bifera CV., Variety of small Damask Rose

Rosa farinosa.

Rosier farineux.

P.J. Redouté pinx.

Imprimerie de Rémond.

Victor sculp.

柔毛薔薇變種

Rosa tomentosa var. farinosa, Variety of Tomentose Rose

Rosa Collina Monsoniana.　　*Rosier de Lady Monson.*

P.J. Redouté pinx.　　　Imprimerie de Remond.　　　Langlois sculp.

疑似蒙森夫人薔薇

Rosa monsoniae, Rose of Lady Monson

Rosa Indica Caryophyllea.   *La Bengale Œillet.*

P.J. Redouté pinx.   Imprimerie de Rémond.   Langlois sculp.

中國半重瓣月季

Rosa chinensis var. semperflorens, Monthly Rose

Rosa Rubifolia.　　*Rosier à feuilles de Ronce.*

P. Redouté pinx.　　Imprimerie de Rémond　　Victor sculp.

草原薔薇

Rosa setigera, Paririe Rose

Rosa Canina grandiflora.　　　*Rosier Canin à grandes fleurs.*

P.J. Redouté pinx.　　　Imprimerie de Remond　　　Lemaire sculp.

狗薔薇雜交種

Rosa × waitziana, Dog Rose hybrid

Rosa Gallica Agatha incarnata.

L'Agathe Carnée.

P.J. Redouté pinx.   Imprimerie de Remond   Langlois sculp

法國薔薇阿加莎

Rosa gallica 'Agatha Incarnata', French Rose of 'Agatha Incarnata'

Rosa Reclinata flore simplici. *Rosier à boutons renversés; Var. à fleurs simples.*

P. J. Redouté *pinx.* Imprimerie de Remond Bessin *Sculp.*

單瓣布爾索薔薇

Rosa × L' Heritieranea CV., Single variety of Boursault Rose

Rosa Reclinata flore sub multiplici.   *Rosier* à boutons penchés. (var. à fleurs semi doubles.)

P.J. Redouté pinx.   Imprimerie de Remond   Langlois sculp

重瓣布爾索薔薇

Rosa × L'Heritieranea CV., Boursault Rose

重瓣蘋果薔薇

Rosa villosa × *Rosa pimpinellifolia*, Apple Rose hybrid

Rosa Ventenatiana.   *Rosier Ventenat.*

P.J. Redouté pinx.   Imprimerie de Remond.   Victor sculp.

重瓣芹葉薔薇
Rosa pimpinellifolia, Burnet Rose hybrid

Rosa sempervirens Leschenaultiana. *Le Rosier Leschenault*

P.J. Redouté pinx. Imprimerie de Remond Langlois sculp

常綠薔薇變種
Rosa sempervirens var. leschenaultiana, Variety of Evergreen Rose

Rosa Gallica Gueriniana.

Rosier Guerin.

P.J. Redouté pinx.

Imprimerie de Rémond

Langlois sculp.

疑似中國月季雜交種

Rosa gallica × Rosa chinensis, French Rose hybrid

Rosa indica Automnalis. *Le Bengale d'Automne*

P. J. Redouté pinx. Imprimerie de Remond. Bessin sculp.

中國秋花月季

Rosa chinensis CV., Autum-flowering Variety of China Rose

Rosa Evratina. *Rosier d'Evrat.*

P.J. Redouté pinx. Imprimerie de Rémond Langlois 1817

疑似佚名腺萼薔薇

Rosa evratina

Rosa Rubiginosa Vaillantiana.   *L'Eglantine de Vaillant*

P.J. Redouté pinx.   Imprimerie de Remond   Victor Sculp

疑似黃枝薔薇

Rosa micrantha var. lactiflora

Rosa muscosa Anemone-flora. *La Mousseuse de la Flèche.*

P.J. Redouté pinx. Imprimerie de Rémond Victor sculp.

銀蓮花苔薔薇
Rosa centifolia var. muscosa, Anemone-flower

Rosa Noisettiana purpurea.   *Rosier* Noisette à fleurs rouges.

P.J. Redouté pinx.   Imprimerie de Remond.   Langlois sculp.

疑似布爾索紅枝薔薇

Rosa × L'Heritieranea, Boursault Rose